昭和～平成

近畿日本鉄道 沿線アルバム

【一般車両編】

解説　牧野和人

京都行きの普通運用に就く2両編成の8000系。奈良線等では急行運用等に就く長編成の列車が目に付く8000系だが、1964（昭和39）年に31本の2両編成が製造された。同車両には2、3、4両編成があり、最盛期には208両が在籍した。
◎京都線　東寺　1972（昭和47）年5月9日　撮影：荻原二郎

Contents

1章
カラーフィルムで記録された近畿日本鉄道の一般車両

2章
モノクロフィルムで記録された近畿日本鉄道の一般車両

南都七大寺の一つに数えられる名刹、薬師寺境内の西側を通る橿原線。昭和50年代の沿線は開けた佇まいで、本尊である薬師三尊像が祀られている金堂や、国宝の東塔を背景に行き交う電車を飽かずに眺めることができた。◎橿原線　九条〜西ノ京　1976（昭和51）年7月16日　撮影：荒川 好夫(RGG)

はじめに

総延長約500㎞におよぶ路線を有する近畿日本鉄道。長距離区間を運転する特急列車を補う急行が、特別乗車料金を必要としない速達便として運転されている。また、主要都市間には普通列車等がきめ細かく設定され、沿線住民にとってかけがえのない生活の足となっている。これらの列車には、2200系や2250系、6301系等、歴代の特急用車両を格下げして用いた時期があった。しかし、特急用として10000系をはじめとした新系列車両が現れた頃に前後して、普通列車の運転に適した近代車両が開発された。これらの車両は短い距離で停車駅が多い運用に対応すべく、急加減速に秀でた性能を備えていた。同時に従来車の標準色だった濃い緑色を刷新した、オレンジバーミリオンやアイボリー地の車体塗装は、通勤型電車の雰囲気を一気に明るくした。

また、昭和30年代までは創業期に投入された木造電車が、橿原線や南大阪線等の狭軌区間で活躍していた。黎明期と最新型の電車が共存する様子には、模型の盆景を眺めるような高揚感があった。

現在では貫通扉に前照灯二基を備えた４扉車という仕様が、一般型車両の標準的ないで立ちだ。それでも数十年間の長きに亘って使用される車両が少なくない近鉄電車故、世代を跨いだ形の異なる車両が行き交う風景は健在だ。2007（平成19）年には大阪線、奈良線で阪神との相互直通運転が始まり、上本町～布施間の複々線区間等では異なる会社の電車が擦れ違う様子を楽しめる機会が増えた。

2021年４月　牧野和人

◎吉野線　橿原神宮駅（現・橿原神宮前）　1965（昭和40）年7月30日　撮影：荻原二郎

1章

カラーフィルムで記録された近畿日本鉄道の一般車両

大正期に大阪電気軌道が阪奈間を結ぶ路線の終点として仮の奈良駅を開業して以来、興福寺等へ続く奈良市内の大通りは、鉄道が主役のような様子だった。沿線に未だ高いビル等がなかった昭和中期。路面軌道には小型の旧型電車が良く似合った。
◎奈良線　近畿日本奈良（現・近鉄奈良）～油阪　1956（昭和31）年5月2日　撮影：荻原二郎

大阪線、名古屋線系統

昭和30年代半ばに登場し、後に続く近鉄通勤型車両の基本形となった900系。大型の高性能車両ありながら、三桁の形式番号が付けられたのは、当時の近鉄で架線電圧600V路線に対応する車両の形式は、三桁と定めていたためだった。
◎大阪線　鶴橋　1961(昭和36)年　撮影：野口昭雄

荷物電車モワ1800。元大阪電気軌道のデワボ1800で、後に大阪線の一部となった桜井線の延伸開業に伴い、電動貨車として導入された。近鉄所属の車両となった後の1951(昭和26)年に荷物電車へ改造された。
◎大阪線　大和八木　1955(昭和30)年5月6日　撮影：荻原二郎

高架上に設置された大阪線のホームに停車するモ1300。大阪電気軌道時代の昭和初期に投入された20m級の車体を持つ電車だ。正面の側面より低い部分が斜めに切り取られ、新製当時の容姿に配慮した設計を見て取ることができる。
◎大阪線　大和八木　1955（昭和30）年5月6日　撮影：荻原二郎

古風ないで立ちながら、近畿日本鉄道成立後の1948（昭和23）年から翌年にかけて製造されたモ2000形とク1550形。いずれも第二次世界大戦後の車両不足に対応すべく、旧運輸省が制定した「私鉄郊外電車設計要項」に基づいて製造された、運輸省規格形の車両だった。◎大阪線　大和八木　1956（昭和31）年5月2日　撮影：荻原二郎

貸切と書かれた小振りなヘッドマークを掲出して、2200系がホームに停まっていた。特急列車担当の任を解かれ、車体は一般車と同じ濃い緑色に塗り替えられていた。しかし、2扉の狭窓車には、渋い塗装もまたよく似合っている。
◎大阪線　榛原
1955（昭和30）年5月6日
撮影：荻原二郎

2

終点の榛原に到着した準急。電車の先で線路は行き止まりになっている。高性能電車が台頭する兆しを見せ始めていた昭和30年代。大阪線の近郊・区間輸送は未だ、多くが大阪電気軌道時代に製造された旧型車に委ねられていた。
◎大阪線　榛原　1955（昭和30）年5月6日　撮影：荻原二郎

奈良線等で特急として活躍した680系が志摩線で普通列車の運用に就く。車体の塗装は特急色から当時の普通列車色に塗り替えられた。昭和50年代の志摩線は、未だ急曲線が次々と控える単線区間が多かった。
◎志摩線　志摩明神～賢島
1976（昭和51）年7月16日
撮影：荒川好夫（RGG）

垂直カルダンの駆動装置を備えていた三重交通のモ5400形。1958（昭和33）年に1両が製造された。高度経済成長下で伊勢志摩への観光需要が高まる中、主に急行で使用された。1969（昭和44）年に志摩線が標準軌へ改軌、昇圧されるまで同路線で活躍し、養老線（現・養老鉄道）へ転属した。◎三重電気鉄道（現・近鉄志摩線）　鳥羽　1958（昭和33）年　撮影：野口昭雄

高架区間を行く2400系の普通列車。新製時より「近鉄マルーン」と称された赤味掛かった車体塗装が施されていた。運転席窓下に列車種別と運転区間を表した行先標を掲出している。青色は普通列車を示す。
◎大阪線　俊徳道　1983（昭和58）年10月29日　撮影：森嶋孝司（RGG）

1480系から鮮魚列車用に改造された1481系。かつて、一般車の標準塗色であった「近鉄マルーン」に白帯を巻いた塗装となった。宇治山田、松阪から行商人を乗せ、平日の朝に青山峠を越えて上本町まで運転していた。
◎大阪線　二上～関屋
1992（平成4）年4月11日
撮影：森嶋孝司（RGG）

電動車2両で1編成をなす2050系。登場時は主として、大阪線上本町～青山町間の運用に就いていた。「近鉄マルーン」塗装をまとった新製時の姿は、二色塗りになった現在と、大きく印象が異なる。
◎大阪線　布施～今里　1985（昭和60）年7月15日　撮影：森嶋孝司（RGG）

鉄道による荷物輸送が盛んだった時代には、主要路線に設定されていた荷物電車。旅客運用から退いた車両を電動貨車に格下げして使用した。クワ51は元大阪電気軌道のクボ1500形。近鉄編入後のク1500形を種車とする。
◎大阪線　近鉄下田　1976（昭和51）年7月16日　撮影：荒川好夫（RGG）

昭和末期に登場した5200系。2610系等に替わり、阪伊急行等の長距離運用を主体に活躍する。1993（平成5）年に伊勢神宮で式年遷宮が執り行われ、その翌年にも快速急行が「遷宮号」として上本町～宇治山田間等に運転された。
◎大阪線　長谷寺～榛原　1994（平成6）年3月30日　撮影：森嶋孝司（RGG）

行先を表示器に掲出したままで検車区に憩う1250系。架線電圧1500Vの鉄道では、日本初のVVVFインバータ制御車として1984（昭和59）年に登場した。後に車両管理の見直しから1420系となり、ク1351はク1521と改番された。
◎大阪線　高安検車区　1985（昭和60）年7月15日　撮影：森嶋孝司（RGG）

大阪線の三重県方まで運転する準急に対応して、3両を1編成として製造された2430系。冷房化改造を受けてから間もない頃の姿のようで、明灰色に塗られた屋上機器や排障器が初々しく見える。
◎大阪線　榛原～室生口大野　1983（昭和58）年10月30日　撮影：森嶋孝司（RGG）

1470系の増備車として大阪線に投入された2470系。電動車2両と制御車1両の3両で基本編成を組む。強力な電動車で勾配区間に対応した。貫通扉の上に掲出する緑色の方向幕は準急を意味する。
◎大阪線　長谷寺～大和朝倉
1990(平成2)年4月16日
撮影:荒川好夫(RGG)

大阪線の急行等で使用されていた旧型車両の置き換えを目的に製造された2610系。長距離運用が主になることを考慮し、4扉車ながらボックスシートを備える。また新製時より冷房装置を搭載し、編成中の付随車1両に便所を設置した。
◎大阪線　築山～大和高田
1976（昭和51）年7月16日
撮影：荒川好夫（RGG）

2610系のロングシート仕様車として登場した2800系。新製時より冷房装置を搭載していた。2、3、4両編成があり、4両編成は系列最多の11本が製造された。1972（昭和47）年から8年間に亘って製造され、製造年により細部仕様の異なる車両がある。
◎名古屋線　伊勢中川～桃園
1988（昭和63）年6月4日
撮影：荒川好夫（RGG）

1982（昭和57）年から翌年にかけて製造された1200系は2両編成の界磁チョッパ制御車である。2000年代に入ってワンマン化等の改造を含む車体の更新化が実施され、ほとんどの車両が1201系となった。
◎名古屋線　桃園～伊勢中川
1988（昭和63）年6月4日
撮影：荒川好夫（RGG）

2000系を先頭にした急行が櫛田川を渡る。1978（昭和53）年から翌年にかけて製造された同車の主電動機や台車の一部には廃車となった10100系の部品が流用された。山田線の松阪以遠には名古屋、上本町方面から毎時1往復ずつの急行が乗り入れる。
◎山田線　漕代～櫛田　1981（昭和56）年3月22日　撮影：森嶋孝司（RGG）

津寄りのホーム端に構内踏切があった頃の津新町駅を、桑名行きの普通列車が発車して行った。ク6501形は、元吉野鉄道のサハ301形。名古屋線で急行等に使われ、同路線が改軌された後も1両を除き、標準軌用台車に履き替えて引き続き使用された。
◎名古屋線　津新町　1964（昭和39）年5月3日　撮影：荻原二郎

養老線で運転されていた貨物列車を牽引した近鉄の電気機関車。デ11は伊勢電気鉄道が昭和初期に導入したイギリスからの輸入機だ。車体、台車等はノース・ブリティッシュ・ロコモティブ（NB）社、電装機器等はイングリッシュ・エレクトリック（EE）社製である。
◎名古屋線　桑名　1982（昭和57）年4月1日　撮影：森嶋孝司（RGG）

名古屋へ直通する準急が、湯の山駅を発車した。クリーム色の地に青い帯を巻いた、当時の「高性能車標準色」をまとった1810系。1600系に端を発する名古屋線系統用高性能車の流れを汲む1800系にラインデリアを装備した電車だ。
◎三重電気鉄道（現・湯の山線） 湯ノ山（現・湯の山温泉） 1964（昭和39）年5月3日 撮影：荻原二郎

急行運用に就く1810系。行先表示器は、鈴鹿線の終点である平田町を掲出している。昭和30年代から名古屋線に投入された、高性能車両の系列に含まれる電車だ。新製時よりラインデリアを装備していた。
◎鈴鹿線 柳～鈴鹿市 1987（昭和62）年3月26日 撮影：松本正敏（RGG）

第二次世界大戦下で製造されたモ6311形に準ずる電車として、1948（昭和23）年に10両が製造されたモ6331形。名古屋線諏訪町付近にあった善光寺カーブと呼ばれる超急曲線を始めとした、厳しい規格の名古屋線用として17mの車体を採用した。
◎三重電気鉄道（現・湯の山線）
湯ノ山（現・湯の山温泉）
1964（昭和39）年5月3日
撮影：荻原二郎

名古屋線がまだ狭軌であった1958（昭和33）年に製造された6440系。同時期に登場した大阪線の通勤型電車と同様、軽量車体が採用された。しかし、製造費を圧縮する意味合いから、主要機器等には旧型車両からの流用品を用いた。
◎名古屋線　桑名〜近鉄長島
1982（昭和57）年3月31日
撮影：森嶋孝司（RGG）

奈良線、京都線系統

終日に亘って賑わう大和西大寺駅。京都線、橿原線、奈良線と主要3路線が集まる。大阪と奈良を結ぶ速達便は自慢の看板列車だ。丸みの強い車体に銀色の帯を巻いた820系は一般車塗装ながら特別な電車と映り、特急列車と渡り合う存在感があった。
◎奈良線　大和西大寺　1972（昭和47）年9月29日　撮影：荻原二郎

近鉄難波（現・大阪難波）行きの快速急行が、利用客の行列ができたホームに入って来た。8600系は1973（昭和48）年の新製時より冷房装置を搭載。梅雨明け間近の蒸し暑い奈良盆地故、列車に乗り込んだ際の心地良さは格別だろう。
◎奈良線　大和西大寺
1976（昭和51）年7月16日
撮影：荒川好夫（RGG）

京都線から奈良へ直通する急行。大阪～奈良間の列車には昭和30年代から新型の高性能車が投入された。それに対して、京都線経由の電車には600系等、昭和初期に製造された電車を改造した旧型車が、昭和50年代の初めまで充当された。
◎奈良線　新大宮　1972（昭和47）年9月29日　撮影：荻原二郎

上本町（現・大阪上本町）と近畿日本奈良（現・近鉄奈良）を結ぶ急行が路面軌道区間を闊歩する。掲出された行先標には大阪、奈良と書かれていた。鉄道が道路上の主役であるかのように映る昭和30年代の情景。電車は濃い緑色に塗られていた。
◎奈良線　近畿日本奈良（現・近鉄奈良）〜油坂　1956（昭和31）年5月2日
撮影：荻原二郎

625
急行
大阪
奈良

快速急行の行先標を掲出して奈良線を行く8000系。1964（昭和39）年から17年間の長きに亘って製造された電車は、昭和末期になっても生駒越えの主力に充当されていた。行先表示器未装備で「近鉄マルーン」一色塗りだった頃の姿は、新生駒トンネルの開通時を思わせる。◎奈良線　河内小阪～八戸ノ里　1982（昭和57）年8月28日　撮影：森嶋孝司（RGG）

「人に優しい、地球に優しい」を基本理念として開発された「シリーズ21」車両の第一陣として登場した3220系。全3編成中、2本が烏丸線、奈良間の直通運転。1本が橿原神宮鎮座120年記念大祭に因んだラッピングを、2011（平成23）年まで車体に施していた。◎奈良線　河内永和～河内小阪　2004（平成16）年11月17日　撮影：米村博行（RGG）

国鉄（現・JR西日本）関西本線を跨ぐ築堤を行く800系の急行。それまでの近鉄一般型車両は車体の標準塗色をダークグリーンとしていたが、同車両は新製時より、マルーンレッドの一色塗りだった。主に速達列車へ充当されたが、座席にはロングシートを採用した。◎奈良線　油阪　1956（昭和31）年11月17日　撮影：荻原二郎

1964（昭和39）年に奈良線内の車両限界拡幅工事が完了。石切～生駒間には新生駒トンネルが開通し、全線に亘って20m車が運転できるようになった。改善された運転環境に対応すべく投入された電車が8000系だ。当初はベージュ色の地に青色の帯を巻いた車体塗装だったが、後にマルーンレッドの一色塗りとなった。◎奈良線　東生駒　1980年代　撮影：林 嶢

近鉄奈良まで乗り入れる京都市交通局（京都市営地下鉄）の10系。烏丸線の開業時には4両編成で登場。アルミニウム製の車体を備える。1988（昭和63）年の竹田延伸開業に伴い、既存車両の6両編成化と増備が図られた。
◎奈良線　新大宮～大和西大寺
2004（平成16）年11月17日
撮影：米村博行（RGG）

車体、機器等の刷新を図った「シリーズ21」系列車両に属する5820系。奈良線、阪神電鉄線直通の運用が目を引くが、高安検車区所属の車両は山田、鳥羽線まで足を延ばす。クロスシートとロングシートに使用形態を随時変えられるデュアルシートを採用。
◎奈良線　大和西大寺～新大宮
2004（平成16）年11月17日
撮影：米村博行（RGG）

合併前より近鉄電車は奈良電気鉄道の路線へ頻繁に乗り入れていた。奈良電の駅であった京都と橿原線の橿原神宮を直通運転する急行仕業に就く電車は820系。2両固定編成で取り回しが効き、急行から普通列車まで重宝された。
◎奈良電気鉄道（現・近鉄京都線）　京都線　東寺　1963（昭和38）年3月24日　撮影：荻原二郎

昇圧後も京都線で活躍した600系。本線系統での使用を想定して整備された4両編成である。旧型車を改造した23本が投入され、車両限界拡大工事前の京都、橿原線等で主力車両となった。非力ながら急行等、速達列車にも充当された。
◎京都線　東寺　1972（昭和47）年5月9日　撮影：荻原二郎

奈良電気鉄道のデハボ1000形。単行の仕業は両運転台車両にとってはまり役である。車体は、奈良電車の標準色であったクリーム色と緑の2色塗装だ。奈良電が近鉄に吸収合併されてからも、京都線の架線電圧が昇圧されるまで、普通列車を中心に素力車両として活躍した。◎奈良電気鉄道（現・近鉄京都線）　近畿日本丹波橋（現・近鉄丹波線）　1959（昭和34）年11月21日　撮影：荻原二郎

1972(昭和47)年に京都線等へ投入された920系。20m級の車体を持ち、それまでの主力だった小型車に取って代わった。走行機器等は600系から流用し、近代的な外観ながら吊り掛け駆動の柔らかい音を響かせて走行した。
◎京都線　京都〜東寺　1979（昭和54）年7月6日　撮影：小野純一（RGG）

453
京都
メガネ
453

奈良電気鉄道が近鉄に吸収合併され、近鉄京都線となった後も、架線電圧は600Vのままであった。そのために路線内で運転される列車は奈良電からの移籍車や、周辺の600V区間で使用された旧型車が主だった。車体の塗装は当時の近鉄一般型車両の標準色だったマルーンレッドになっている。
◎京都線　東寺～京都
1965（昭和40）年　撮影：荻原二郎

近鉄の省エネ対応車として1980（昭和55）年に登場した8800系。制御方式に界磁位相制御を用いた。試作的要素が強かった車両で、4両編成2本の製造に留まった。現在は全車が東花園検車区に配置されている。
◎京都線　京都～東寺　1989（平成元）年2月14日　撮影：荒川好夫（RGG）

京都市交通局（京都市営地下鉄）烏丸線への直通運転に対応すべく製造された3200系。正面非対称の位置に貫通扉を備える。同車両より近鉄一般型車両の塗り分けが、「近鉄マルーン」と白の二色塗装に変更された。
◎京都線　京都～東寺　1989（平成元）年2月14日　撮影：荒川好夫（RGG）

近鉄電車で現在まで唯一の全ステンレス製車体を備える3000系。京都市交通局（京都市営地下鉄）烏丸線への乗り入れを睨み、1979（昭和54）年に製造された。省エネ対応の試作車でもあり、制御方式に電機子チョッパ制御を採用している。
◎京都線　竹田～上鳥羽口
1979（昭和54）年8月
撮影：荒川好夫（RGG）

新製当初は専ら奈良線の運用に就いていた8000系列の電車。増備と共に大阪、京都、奈良府県下の各路線で、そのやや角張った姿を見ることができるようになった。普通列車の行先標を掲出して、緑深い古都の路を行く。
◎京都線　高の原～平城
1986（昭和61）年8月3日
撮影：高木英二（RGG）

運用上、3両編成の電車が必要とされた京都線に投入された9200系。8810系の3両編成版として、1983（昭和58）年に4本が製造された。後に列車の長編成化が進み、付随車を増備して4両編成になった。
◎京都線　高の原～平城
1986（昭和61）年8月3日
撮影：高木英二（RGG）

奈良電気鉄道、京阪神急行電鉄時代から行われていた丹波橋駅経由の直通運転。鴨川の畔にある五条駅へ、近鉄の820系が入って来た。相互直通運転は1967（昭和43）年12月20日まで実施された。
◎京阪本線　五条（現・清水五条）　1968（昭和43）年4月7日　撮影：荻原二郎

近鉄の一般型車両は、時代ごとに異なる塗装をまとってきた。昭和30年代半ばまではダークグリーンの1色塗りが標準。引退時期が迫っていたモ200形等にとっては、古典車両と呼ぶにふさわしい雰囲気を際立たせる、渋い彩りであった。
◎橿原線　尼ヶ辻〜西ノ京　1961（昭和36）年　撮影：荻原二郎

20m級の車体を持つ大型車として1961（昭和36）年に登場した900系。当初は奈良線で運用され、京都線、橿原線等が昇圧されると、増備と共に運用範囲を拡大していった。昭和50年代は冷房化前のすっきりとした姿だ。
◎橿原線　西ノ京
1977（昭和52）年11月22日
撮影：荻原二郎

橿原線で天理へ直通する普通列車の運用に就く8810系。省エネ対応車として界磁チョッパ制御方式で試作された、1400系1401F編成の好結果を受け、同制御方式の機器を搭載して量産化された電車である。1981（昭和56）年に4両編成8本が製造された。
◎橿原線　近鉄郡山～筒井　1986（昭和61）年8月3日　撮影：高木英二（RGG）

構内踏切がある菰野に停車する1600系。1959（昭和34）年に製造された高性能通勤型電車で、伊勢湾台風で被災後に早急な標準軌化工事を成し遂げた名古屋線へ、復興を象徴するかのように投入された。登場時の車体塗装はクリーム地に青帯を巻く、当時の高性能一般型車両仕様だった。◎三重電気鉄道（現・湯の山線） 菰野 1964（昭和39）年5月3日 撮影：荻原二郎

出口

近鉄の路線となってからも約5年間に亘り、架線電圧600Vの時代が続いた田原本線。既に路線の礎となった大和鉄道、信貴生駒電鉄の車両は引退しており、400系や奈良電気鉄道から移籍したモ670形、ク570形等の小型車が使用されていた。
◎田原本線　新王寺　1967（昭和42）年　撮影：荻原二郎

築堤上を快走する800系。奈良線で料金不要の特急列車として活躍した、正面2枚窓が個性的だった電車だ。晩年は主に生駒線、田原本線で使用され、一部車両は880系に改造されて伊賀線（現・伊賀鉄道）へ移った。
◎田原本線　箸尾～但馬
1989（平成元）年2月6日
撮影：森嶋孝司（RGG）

信貴生駒電鉄の路線であった時代の田原本線を行くモ200形。近鉄から貸し出されて定期列車に充当されていた。阪奈間の主力として大正期に登場した古参車は、引退時期が迫る中で集電装置はパンタグラフとなり、新鋭車と同じマルーンレッドの車体塗装になっていた。　◎田原本線　黒田〜西田原本　1963（昭和38）年　撮影：野口昭雄

元大阪電気軌道の小型車等、多種多様な小型車を、橿原線等の架線電昇圧に合わせて改造、形式統合して生まれた400系。同僚が次々と廃車されていく中で、1957（昭和32）年製と新しい409編成は、生駒線で1987（昭和62）年まで生き延びた。
◎生駒線　撮影地不詳　1978（昭和53）年　撮影：野口昭雄

東大阪線（現・けいはんな線）の開業に合わせて製造された7000系。大阪市営地下鉄（現・大阪市高速電気軌道【Osaka Metro】）中央線に乗り入れるため、集電方式に750Vの第三軌条方式を採用した。大手私鉄の電車では初の仕様となった。
◎東大阪線（現・けいはんな線）　新石切　1986（昭和61）年10月10日　撮影：森嶋孝司（RGG）

南大阪線系統

側面に凝った造りの飾り窓を持つモ5651形が、集電装置を降ろして駅構内に留置されていた。モ5663は昭和40年代に養老線へ転属し、1971（昭和46）年まで使用された。南大阪線時代の写真はアンチクライマー付近に錆が浮き、既にくたびれた姿と映る。
◎南大阪線　橿原神宮駅（現・橿原神宮前）　1956（昭和31）年11月19日　撮影：荻原二郎

1
2
御所
橿原神宮駅
吉野
方面
富田林
河内長野
方面
1
6808
あべの橋-古市

長野線へ向かう2番ホームに停車した大阪阿部野橋～古市間の急行。専用色に身をまとった6800系は愛称である「ラビットカー」を象徴するウサギをデザイン化したイラストを描いた行先標を掲出する。行先標には大阪阿部野橋を「あべの橋」と略して書かれていた。
◎南大阪線　古市
1964（昭和39）年5月3日
撮影：荻原二郎

6000系の急行が構内に入って来た。ホームの向かい側では、ウインドウシルヘッダーが厳めしい表情を湛える旧型電車が、扉を開いて客待ち顔の様相だ。「近鉄マルーン」が一般車の塗装として広く浸透していた時代の一駒である。
◎南大阪線　道明寺　1973(昭和48)年10月　撮影：荒川好夫(RGG)

2
6692

新製時には通風装置にラインデリアを採用した6020系。溜池が点在する香芝市の郊外を行く。1979（昭和54）年から冷房化改造が実施され、流麗な表情を湛えていた屋上は、冷房装置が載せられて様変わりした。
◎南大阪線　上ノ太子～二上山　1996（平成8）年5月2日　撮影：松本正敏（RGG）

6656
急行
吉野
あべの橋
6656

大阪阿部野橋～吉野間の近鉄狭軌線横断運用に就く6551形。大阪電気軌道が同系列車両を60両導入し、南大阪線系統が近鉄傘下の路線となった後も、6800系等の高性能車が台頭するまで、主力車両として使用された。
◎南大阪線
橿原神宮駅（現・橿原神宮前）
1964（昭和39）年5月3日
撮影：撮影：荻原二郎

吉野行き急行の運用に就く6800系。行先標と橿原神宮100年祭のヘッドマークを掲出する。車体の塗装が現行の仕様に変更された後の姿だが、大きな前面窓等にラビットカーと呼ばれ、高評価を得ていた時代の面影を残していた。
◎南大阪線　上ノ太子～二上山　1996（平成8）年5月2日　撮影：荒川好夫（RGG）

古市から獄山の西麓を通り、大阪府下南東部の河内長野まで延びる長野線。南大阪線の起点である大阪阿部野橋から直通する急行が運転されている。沿線の宅地化が現在ほど進んでいなかった昭和30年代にも、既に昭和初期に製造された旧型電車が、直通急行の重責を務めていた。◎長野線　河内長野　1956（昭和31）年11月19日　撮影：荻原二郎

新製時より冷房装置を搭載した6200系。1974（昭和49）年に登場した1次車は3両編成だった。翌年に落成した2次車の内、2本が付随車両を1両組み込んだ4両編成となった。現在では3両編成6本と4両編成5本がある。
◎吉野線　市尾〜壺阪山
1990（平成2）年4月6日
撮影：荒川好夫（RGG）

ラビットカー6000系の増備車として製造された6020系。1968（昭和43）年から6年間に亘り、99両が製造された。南大阪線では最大勢力を誇る。車体、尾灯の形状は1810系、2410系等と同様になった。
◎吉野線　市尾～壺阪山
1990（平成2）年4月6日
撮影：松本正敏（RGG）

到着した道明寺線の電車から乗客が降りて来た。モ5212は昭和初期に吉野鉄道が導入した電車の内の1両。関西急行電鉄時代に名古屋線へ転属し、同路線の改軌時に狭軌区間の南大阪線、吉野線へ戻った。モ6601形の電動機、制御機器等を流用して電動車化された。
◎道明寺線　柏原
1973（昭和48）年10月
撮影：荒川好夫（RGG）

5212
柏原
道明寺

6521

南大阪線の橿原神宮前まで直通する普通列車が御所線の終点駅に停車していた。張り上げ屋根が個性的なク6521形は、1949（昭和24）年に6411系のク6701形として2両が製造された。6800系の登場時にク6521、ク6522と改番。晩年の前照灯はシールドビーム2灯に改造されていた。
◎御所線　近鉄御所
1974（昭和49）年1月9日
撮影：安田 就視

近鉄の譲渡路線

昭和初期に伊勢電気鉄道が導入したデハニ201形は、同社の参宮急行電鉄との合併、近畿日本鉄道成立等を経て名古屋線で活躍。晩年を伊賀線で過ごした。車両形式は転属、改造を繰り返す内に何度も変更され、最後はモニ6201形となった。
◎伊賀線（現・伊賀鉄道伊賀線）　伊賀上野　1972（昭和47）年9月30日　撮影：荒川好夫（RGG）

6202
伊賀上野
上野市

一般車の塗装が濃い緑色から赤味が強い「近鉄マルーン」色へ塗り替えが進んでいた、過渡期の西大垣車庫。中央に写る2枚窓の電車はモニ5041形。揖斐川電気から引き継いだ元木造車で、車体を鋼体化した際に正面窓が3枚から2枚になった。
◎養老線（現　養老鉄道養老線）西大垣　1964（昭和39）年5月1日　撮影：荻原二郎

緩やかな曲線を伴った前面形状が印象的なク5411形。現在の養老鉄道養老線の前身である、揖斐川電気が運営していた鉄道線へ1928（昭和3）年に導入された半鋼製車だ。新製時の形式名はクハ201形。以降、鉄道事業の譲渡、会社合併で養老電気鉄道、伊勢電気鉄道、関西急行電鉄、近鉄と在籍先を変えた。
◎養老線（現・養老鉄道養老線）西大垣　1964（昭和39）年5月1日　撮影：荻原二郎

名古屋線の標準軌化に合わせ、標準軌用台車に履き替えて同路線に留まる車両が多い中で、ク6510は狭軌用台車のままで養老線へ転用された。屋根にはお椀型のベンチレーターが載り、緑色の車体塗装と相まって昭和初期の電車らしい素朴な雰囲気が伝わってくる。◎養老線（現・養老鉄道養老線）　養老　1964（昭和39）年5月1日　撮影：荻原二郎

昭和初期製の大阪鉄道デハ100形は、同鉄道が関西急行鉄道へ合併された際に形式をモ5651形と改めた。後に近鉄の路線となった南大阪線系統で使用されていたが、1960（昭和35）年に2両、1970（昭和45）年に4両が養老線（現・養老鉄道）へ転属した。
◎養老線（現・養老鉄道養老線）　揖斐
1970(昭和45)年　撮影：荻原二郎

南大阪線等で運用されてきた6000系を、養老線（現・養老鉄道養老線）へ転用する際に改造して誕生した形式が620系。通常の列車以外に、自転車をそのまま車内へ持ち込める「サイクルトレイン」等に活用された。
◎養老線（現・養老鉄道養老線） 養老 1999（平成11）年3月30日 撮影：荒川好夫（RGG）

湘南窓を持つ特殊軌道用車両として特異な存在のク200。三重交通時代に3連接車体の電動車モ4400形として1編成のみが製造された。後に制御車、付随車化されたものの、北勢線が三岐鉄道へ移譲された現在も、定期列車に使用されている。
◎北勢線（現・三岐鉄道北勢線）　北大社車庫　2001（平成13）年3月26日
撮影：荒川好夫（RGG）

国鉄（現・JR貨物）との間で貨車の授受が行われた桑名駅構内で入れ替え作業に勤しむデ1形6。揖斐川電気の鉄道部門が1923（大正12）年に導入した国産電気機関車である。養老線は路線の譲渡、合併で運営母体が変遷していったが、同機は1971（昭和46）年まで終始同路線で活躍した。
◎養老線（現・養老鉄道養老線）　桑名
1964（昭和39）年5月1日　撮影：荻原二郎

湯の山線がナロー路線であった時代には、近畿日本四日市（現・近鉄四日市）構内で三重電気鉄道と線路が繋がっていた。1964（昭和39）年に湯の山線は標準軌化されたが、大きさの異なる両路線の電車が並ぶ様子を引き続き見ることができた。
◎三重電気鉄道湯の山線（現・近鉄湯の山線）、三重電気鉄道内部線（現・四日市あすなろう鉄道内部線）　近畿日本四日市（現・近鉄四日市）　1964（昭和39）年5月3日　撮影：荻原二郎

三重交通時代からの旧型車両が主力だった内部、八王子線の近代化を図り、1982（昭和57）年に新製されたモ260。前面窓周りと裾部、扉を「オータム・リーフ」色とした塗装は、「近鉄マルーン」一色塗りが基本だった一般型車両の中で斬新だった。
◎内部線（現・四日市あすなろう鉄道内部線）　内部～小古曽　1985（昭和60）年8月19日　撮影：高木英二（RGG）

近鉄が三重電気鉄道から引き継いだ特殊狭軌線の一つである八王子線。1974（昭和49）年7月の集中豪雨により、全区間が運転を休止した。後に日永～西日野間1.3㎞は復旧したが、西日野～伊勢八王子1.6㎞は廃止された。
◎八王子線（廃止区間）　伊勢八王子　1973（昭和48）年9月21日　撮影：安田 就視

いせはちおうじ
伊勢八王子
ISE-HACHIŌJI
むろやま
四日市近鉄百貨店
いせはちおうじ

昭和41年7月の時刻表

7/10 現在

近畿日本鉄道

座席指定特急券は交通公社でお求めになれます。

急行 初電		急行 終電	準急・普通 初電	初電		終電	終電	キロ数	運賃	(大阪線 山田線)	急行 初電		急行 終電	準急・普通 初電	初電		終電	終電
620		2020	510	540		1924	2043	0.0	円	●大阪上本町	903		2236	645	835		2310	017
622		2022	512	542	こ頻	1926	2045	1.1	20	●鶴橋(連)	901		2234	643	833	こ頻	2308	015
レ		レ	516	546	の繁	1931	2051	4.1	20	布施	1		1	639	829	の繁	2305	010
レ	こ	レ	525	555	運	1937	2156	9.2	45	近畿日本八尾	1	こ	1	633	821	運	2259	001
レ		レ	528	558	間転	1940	2159	11.1	45	●河内山本	1		1	630	818	間転	2256	2359
レ	の	レ	539	610		1950	2107	18.2	70	河内国分	1	の	1	622	806		2248	2347
レ		レ	555	626		2008	2125	30.0	110	大和高田	1		1	602	745		2232	2332
650	間	2051	603	636	こ20	2015	2133	34.8	130	●大和八木	829	間	2206	555	738	こ20	2226	2325
レ		レ	609	642	｜	2022	2139	39.8	150	●桜井	1		1	547	728	｜	2218	2318
レ	毎	レ	617	650		2030	2147	45.7	170	●長谷寺	1	毎	1	539	720		2211	2311
レ		レ	629	702	の30	2045	2203	57.3	220	●室生口大野	1		1	526	705	の30	2154	2254
レ	時	レ	637	710		2052	2210	64.0	240	●赤目口	1	時	1	518	658		2146	2246
716		2120	641	718	分	2119	2234	67.3	250	●名張	802		2138	515	654	分	2143	2243
724	60	2127	651	728	間毎	2129	2244	75.5	280	伊賀神戸	754	60	2130	…	636	間毎	2106	2210
748		2150	715	754		2154	2311	95.4	350	榊原温泉口	731		2109	…	611		2042	2143
807	分	2207	733	817	中15	2222	2335	109.0	400	●伊勢中川	717	分	2057	…	555	山15	2027	2128
815		2214	743	827	川｜	2232	2345	117.4	430	●松阪(連)	705		2047	…	542	田｜	2010	2117
レ	毎	レ	758	843	山20	2246	2359	128.8	470	明星	1	毎	1	…	528	中20	1956	2103
832		2231	809	854	田分	2257	009	136.7	500	●伊勢市(連)	648		2031	…	516	川分	1945	2051
834		2233	811	856	間毎	2259	011	137.3	500	●宇治山田	645		2028	…	515	間毎	1943	2050

初電		終電	初電	電		終電	電	運賃	運賃	山田線・名古屋線	初電		終電	初電	電		終電	電
558		2107	…	515		2050	2145	上起	円	●宇治山田	751		…	653	749		…	012
600	こ	2109	…	516	こ	2052	2146		20	●伊勢市(連)	750		…	652	747	こ	…	010
レ	の	レ	…	528	の	2103	2158	本	40	明星	1	こ	═	1	736	の	═	2359
618	間	2127	…	542	間	2117	2212	町点	80	松阪	732	の	2327	635	721	間	2307	2345
626		2139	520	612	20	2131	2228	400	110	●伊勢中川	723	間	2320	626	711	20	2300	2335
640	20	2153	535	628	｜	2158	2244	440	160	●津(連)	702		2304	610	653	｜	2244	2319
658	｜	2213	552	645	30	2224	2312	490	210	伊勢若松	645	20	2247	553	621	30	2227	2253
711		2227	604	658	分	2238	2330	530	250	●近畿日本四日市	633	｜	2235	541	603	分	2212	2231
718	40	2233	611	705	毎	2253	2339	555	280	近畿日本富田	627	40	2228	534	554	毎	2205	2221
726	分	2241	622	715		2331	2350	565	300	●桑名(連)	619	分	2220	524	543		2156	2210
レ	毎	レ	630	725	頻運	2339	═	575	320	近畿日本弥富	1	毎	1	516	535	頻運	2147	…
レ		レ	636	733	繁転	2348	…	585	340	近畿日本蟹江	1		1	509	526	繁転	2141	…
749		2301	646	743		004	…	600	370	●近畿日本名古屋(連)	558		2200	500	510		2131	…

初電	終電	キロ数	運賃	(奈良線)	初電	終電	記事
515	002	0.0	円	●大阪上本町	546	020	
517	004	1.1	20	●鶴橋(連)	544	018	特急
521	008	4.1	20	布施	539	014	
533	020	11.1	50	瓢箪山	528	002	上本町発
539	026	14.2	70	石切	521	2356	700—
543	030	18.4	90	●生駒	517	2352	2200
レ	039	24.3	110	菖蒲池	1	1	奈良発
554	041	26.3	120	●大和西大寺	506	2341	620—
レ	═	30.1	130	油阪	1	1	2002
600	…	30.8	130	◐近畿日本奈良	500	2335	

初電	終電	キロ数	運賃	(奈良天理線)	初電	終電	記事
515	2345	0.0	円	●大阪上本町	609	020	準急
521	レ	4.1	20	布施	603	014	上本町発
543	003	18.4	90	●生駒	547	2352	600—
556	017	26.3	120	●大和西大寺	536	2341	2345
603	026	31.7	140	近畿日本郡山	525	2325	天理発
608	032	36.1	150	●平端	519	2319	553—
616	040	40.6	160	●天理	510	2310	2127

初電	終電	キロ数	運賃	(京都線)	初電	終電	記事
508	2216	0.0	円	●京都(連)	646	020	
518	2226	4.9	35	伏見	635	011	
520	2228	9.9	45	●丹波橋	634	009	
543	2253	19.6	90	新田辺	613	2348	特急
553	2303	26.7	110	新祝園	600	2336	
611	2333	34.5	130	●大和西大寺	550	2326	
620	2342	39.9	150	近畿日本郡山	536	2312	508頁
626	2348	44.3	160	●平端	530	2306	
635	2356	50.4	180	田原本	522	2258	参照
643	008	54.9	190	●大和八木	514	2251	
649	014	58.2	200	●橿原神宮駅	508	2240	

初電	終電	キロ数	円		初電	終電	記事
508	2315			●京都(連)	618	020	
520	2327	5.9	45	●丹波橋	609	009	
556	017	34.6	130	●大和西大寺	539	2326	約30分毎
607	032	44.3	160	●平端	519	2254	
616	040	48.8	170	●天理	510	2245	

初電	終電	キロ数	運賃	(御所線)	初電	終電	運転間隔
533	021	0.0	円	尺土	526	018	15—30分
541	029	5.2	35	近畿日本御所	518	010	

初電	終電	キロ数	運賃	南大阪・吉野線	初電	終電	記事
510	2300	0.0	円	●大阪あべの橋	646	011	急行
520	レ	5.2	35	矢田	1	001	
528	2312	10.1	50	河内松原	634	2353	あべの
535	2316	13.8	70	藤井寺	630	2347	橋発
539	2321	16.4	80	道明寺	625	2342	733—
543	2326	18.6	80	古市	622	2339	2100
555	2328	27.4	110	二上山	607	2328	
603	2346	32.4	130	尺土	559	2319	吉野発
605	2349	34.3	130	高田市	554	2317	500—
615	2358	39.8	150	●橿原神宮駅	545	2307	1828
623	007	43.7	170	壺阪山	536	2300	30分毎
634	015	49.3	190	●吉野口	527	2251	
649	029	56.8	220	下市口	514	2235	他に準
704	037	62.7	240	大和上市	504	2224	急あり
709	043	65.0	250	○吉野	500	2220	

初電	終電	キロ数	運賃	(長野線)	初電	終電	記事
…	000	0.0	円	大阪あべの橋	604	═	急行・準急
519	031	18.6	80	古市	534	044	
526	038	24.1	100	富田林	527	038	15—30分毎
538	050	30.9	120	河内長野	515	026	

初電	終電	キロ数	運賃	(京都線)	初電	終電	
508	2338	0.0	円	●京都(連)	615	020	特急
520	2350	5.9	45	●丹波橋	603	009	
604	031	34.6	130	●大和西大寺	522	2326	508頁
607	036	38.3	140	油阪	517	2322	参照
609	037	39.0	140	◐近畿日本奈良	515	2320	

初電	終電	キロ数	運賃	(道明寺線)	初電	終電	運転間隔
525	2342	0.0	円	道明寺	536	2356	20—30分
529	2346	2.2	20	柏原	532	2352	

初電	終電	キロ数	運賃	(伊賀線)	初電	終電	運転間隔
524	2134	0.0	円	伊賀神戸	558	2309	
533	2143	4.7	35	丸山	549	2300	30—60分
553	2229	12.7	60	上野市	529	2242	
601	2237	16.6	70	伊賀上野(連)	516	2153	

初電	終電	キロ数	運賃		初電	終電	運転間隔
515	2344	0.0	円	伊勢若松	527	2337	
522	2350	4.1	20	鈴鹿市	521	2331	15—30分
528	2356	8.2	45	平田町	515	2325	

国鉄駅等と名称が重複する主要駅は、地域名等に「近畿日本」と冠し、近鉄の駅である旨を告知していた頃の簡易時刻表。各路線共に午前5時台に初電が走り始め、日を跨いで終電が設定されている運転形態は現在と大差がない。阪伊急行は現在もおおむね1時間に1往復の運転だが、上本町～宇治山田間の運転が主流であった当時に比べ、松阪や五十鈴川等を始発終点とする列車が増えた。

2章

モノクロフィルムで記録された近畿日本鉄道の一般車両

鈴鹿山脈の名峰御在所山を目指す湯の山線。モニ6221形は1929（昭和4）年日本車輌製である。
◎三重電気鉄道（現・湯の山線）　菰野　1964（昭和39）年5月3日　撮影：荻原二郎

大阪線、名古屋線系統

登場して間もない10000系が始発駅で発車時刻を待つ。同車に始めて施されたオレンジ色と紺色の塗装は、後に登場した近鉄特急用車両の標準色になった。華やかな雰囲気に包まれた新型車の横に、戦前の名車として名を馳せた2200系が急行として停車していた。
◎大阪線　上本町（現・大阪上本町）
1958（昭和33）年　撮影：佐野正武

ターミナル駅で折り返しの発車時刻を待つモ1321形。上本町～河内国分間の区間列車運用に就いている。昭和30年代における近鉄旧型電車では、車体に埋め込まれた仕様の前照灯と軽量車体を備えた姿が目を引く存在だった。
◎大阪線　上本町（現・大阪上本町）　昭和30年代後半　撮影：辻阪昭浩

上本町六丁目に所在するため、「ウエロク」の愛称で親しまれた近鉄上本町駅。市電の停留場名も上本町六丁目であった。大阪メトロ谷町線と千日前線の谷町九丁目駅とも近接している。◎上本町（現・大阪上本町）1966（昭和41）年

大阪ミナミの繁華街、難波の地下で難波線が開業。同時にターミナルとして難波駅が開業した。地下鉄然としたホームは営業当初より、ビジネスマンや買い物客で混み合い、奈良線へ直通する列車が、分刻みで発着していた。
◎難波線　近鉄難波（現・大阪難波）　1970（昭和）45年3月　撮影：朝日新聞社

架線電圧が600Vであった時代の奈良線で活躍したモ400形。15m級車体を載せた半鋼製車両である。元は大阪電気軌道が昭和初期に導入したデボ301形である。関西急行鉄道の設立に前後して形式名の変更、改番が行われ、写真のモ403はモ301形からモ400形となった。　◎大阪線　鶴橋　1957（昭和32）年　撮影：園田正雄

現在の快速急行に相当する、料金無料の特急として上本町（現・大阪上本町）～奈良間に運転されていた速達列車。800系、820系等が充当されていた。820系の貫通扉下部に掛かる、奈良を連想させる飛び跳ねる鹿をデザイン化したヘッドマークが目を引く。
◎大阪線　鶴橋　1961（昭和36）年5月2日　撮影：荻原二郎

大型の集電装置を伊勢中川方の前面近くに載せた、勇壮な顔立ちの初代モ1421形が名張行きの準急としてやって来た。大阪口等での混雑に対応すべく3扉化されたものの、両端部に運転台を備えたままで使用されていた。
◎大阪線　安堂～河内国分　1959（昭和34）年8月1日　撮影：辻阪昭浩

大阪電気軌道が大正期に製造したデボ61形等は、昭和期に入って車体等の鋼体化改造を受けた。余った木造車体は、電動貨車の更新に充てられた。側面には荷物を積み下ろすための大きな扉が追加されたものの、正面周りや屋根は原形を留めていた。
◎大阪線　安堂～河内国分　1959（昭和34）年8月1日　撮影：辻阪昭浩

大阪電気軌道からの引継ぎ車モ1200形を先頭にした榛原行き準急。大軌時代の形式はデボ1200形で1930（昭和5）年に3両が製造された。20m級の半鋼製3扉車である。車体の前端部下方は左右側から連結器に向かって傾斜した形状になっている。
◎大阪線　安堂～河内国分　1959（昭和34）年8月1日　撮影：辻阪昭浩

雨が鏡のような水溜まりをつくるホームに無蓋電動貨車のモト2700形が停車していた。元は近鉄の基礎となった前身会社の一つである、大阪電気軌道が導入したデボ1600形で1930（昭和5）年に名古屋の日本車輌製造本店で製造された17m級車だった。
◎大阪線　安堂　1959（昭和34）年8月1日　撮影：辻阪昭浩

昭和30年代の大阪線では近代的な高性能車両が台頭の兆しを見せる一方、近鉄の前身母体である大阪電気軌道等が創成期に製造した電車が未だに活躍していた。上本町（現・大阪上本町）～河内国分間の普通運用に就くモ1300形は1930（昭和5）年製である。◎大阪線　安堂～河内国分　1959（昭和34）年8月1日　撮影：辻阪昭浩

榛原行き準急の先頭に立つモ1400形。大阪電気軌道が1940（昭和15）年に執り行われた紀元二千六百年記念行事の大量輸送に対応すべく投入した20m級の半鋼製車両である。第二次世界大戦後は、主に大阪線の区間運用で使用された。
◎大阪線　大和八木～耳成
1963年（昭和38）年3月26日
撮影：辻阪昭浩

大阪～信貴山口間の行先表示板を掲出した1460系。上本町（現・大阪上本町）と信貴線信貴山口間の直通列車用として、1957（昭和32）年に3編成6両が製造された。1つのユニットを構成する2両の電車はいずれも電動制御車である。
◎大阪線　撮影地不詳　1958（昭和33）年8月2日　撮影：辻阪昭浩

砕石を積み出す拠点となっていた河内国分駅。上屋を備えた専用ホームがあった。電動貨車の荷台に小さなホッパーから石が積み込まれていく。古めかしい姿をした電車の側面には、台枠等の強度を補うトラス棒があり、改造元となった車両の歴史を窺わせていた。◎大阪線　河内国分　1961(昭和36)年5月2日　撮影：荻原二郎

大阪電気軌道桜井線と参宮急行本線が繋がった際、上本町(現・大阪上本町)～名張間等の区間列車へ充当された大阪電気軌道のデボ1000形。近鉄モ1000形として、特急が行き交う大阪線で準急運用に就く。20m級の車体を持つ電車では、国内初の3扉車だった。
◎大阪線　名張
1970(昭和45)年6月27日
撮影：荻原二郎

大阪線用の高性能電車で、初めて1M方式を採用した2400系。1Mながら、青山峠越えに対応する大出力の電動機を備える。1966（昭和41）年に2両編成6本が製造された。信貴山頂へ続くケーブルカーが接続する山麓の駅を力強く発車して行った。
◎信貴線　信貴山口　1967（昭和42）年3月10日　撮影：荻原二郎

吉野鉄道が大阪鉄道との直通運転を始める際に投入した全鋼製車両のクハ301形。1937（昭和12）年に、当時参宮急行電鉄の路線だった名古屋伊勢本線（現・名古屋線）へ全車が転属しク6501形となった。名古屋線の標準軌化で南大阪線系統へ戻る車両と、台車を履き換えて同路線に残る車両に分かれた。◎名古屋線　津新町　1964（昭和39）年5月3日　撮影：荻原二郎

モハ201形と共に吉野鉄道の主力車両だったサハ301形は、関西急行電鉄が現在の名古屋線の一部である桑名～名古屋（現・近鉄名古屋）間を開業した際に、親会社であった大阪電気軌道からの貸与車両として関急線へ移った。形式はク6501形に変更された。◎名古屋線　近畿日本弥富（現・近鉄弥富）　1960（昭和35）年　撮影：中西進一郎

旧型電車から流用した台車、電装機器類と新製した軽量車体を組み合わせて製造された6441系。走行音から身元が窺い知れる吊り掛け駆動車だが、登場時の塗装は同時期に製造された高性能車と同じ、ベージュ色の地に青色の帯を巻いたいで立ちだった。
◎鈴鹿線　伊勢神戸（現・鈴鹿市）1961（昭和36）年5月3日　撮影：荻原二郎

荷物合造車クニ6481を連結した2両編成の普通列車。武骨ないで立ちの電車は1930（昭和5）年製だ。現在の名古屋線をかたちづくる前身母体のひとつとなった伊勢電気鉄道が、津新地～新松阪～大神宮前間の開業時に導入した元デハニ231形である。
◎三重電気鉄道（現・湯の山線）　菰野　1964（昭和39）年5月3日　撮影：荻原二郎

ク6321形を電動車化した上で、形式を改番して誕生したモ6261形。第二次世界大戦終結から程なくして、当時の車両不足を補うべく投入された。終始名古屋線系統の路線で使用され、湯の山線が標準軌化されてからは同路線の運用にも充当された。
◎三重電気鉄道（現・湯の山線）　菰野　1964（昭和39）年5月3日　撮影：荻原二郎

6267
四日市

1947（昭和22）年に名古屋線用として新製された6251系。19m級の車体を持つ半鋼製車だ。座席は全てロングシートで昭和40年代の終盤まで、主に名古屋近郊の通勤客輸送に用いられた。随所に終戦から間もない時期に誕生した質実剛健な造りが見られる。
◎名古屋線　桑名　1961（昭和36）年5月3日　撮影：荻原二郎

タイル貼りの柱が遠い日の空気感を醸し出すターミナル駅に停車する電車は1600系。昭和30年代に登場した近鉄の高性能車両に用いられたクリーム地に青帯を巻いた塗装である。車体は6800系に準じたもので、登場時の車内では「名古屋ラビット」と呼ばれた。
◎名古屋線　近畿日本名古屋（現・近鉄名古屋）
1960（昭和35）年7月25日　撮影：辻阪昭浩

新製時には大型の前照灯を一つ装備していたク6540形。クリーム地に青帯を巻いた初期の塗装は軽快に映った。名古屋線が標準軌化されてからも台車を履き換えて同路線に留まった。昭和50年代に入り、台車を狭軌用に戻して養老線（現・養老鉄道養老線）へ転属した。◎名古屋線　近畿日本名古屋（現・近鉄名古屋）　1959（昭和34）年7月27日　撮影：辻阪昭浩

名古屋線の終点である近鉄名古屋駅は開業以来、広大な国鉄構内（現・JR東海、名古屋臨海高速鉄道）の地下にある。東海道新幹線の高架下から、オレンジ色と濃紺の塗装をした特急列車が顔を覗かせた。至近には整備施設を備えた富吉検車区米野車庫がある。◎名古屋線　近鉄名古屋　1974（昭和49）年4月11日　撮影：朝日新聞社

名鉄
近鉄
住友銀行
中央
信託

奈良線、京都線系統

大和西大寺から奈良市街地へ向かう区間は、築堤上に複線の鉄路が続いていた。油阪駅は国鉄（現・JR西日本）関西本線を跨ぐ辺りにあった。急行の看板を掲出した電車は、石切以東で各駅に停車していた。

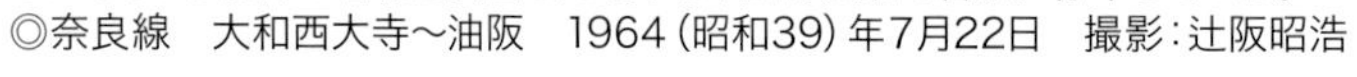
◎奈良線　大和西大寺～油阪　1964（昭和39）年7月22日　撮影：辻阪昭浩

奈良電気鉄道が第二次世界大戦下での輸送力増強策として投入したクハボ650形。奈良電が近鉄に吸収合併された際、電装解除されてク590形となった。製造当初は張り上げ屋根の個性的な姿だったが、昭和30年代に車体更新を受け、一般的な丸屋根車となった。◎奈良線　油阪〜近畿日本奈良（現・近鉄奈良）　1964（昭和39）年7月22日　撮影：辻阪昭浩

築堤上に設置された油阪駅は、対向式ホーム2面を有していた。当駅から近畿日本奈良（現・近鉄奈良）方面は路面軌道となる。昭和30年代入ると、マルーンレッドに身を包んだ新性能電車が、阪奈間輸送の主力として台頭を始めた。
◎奈良線　油阪
1957（昭和32）年8月30日
撮影：荻原二郎

古都の街中を進む奈良線の末端区間は、石畳が敷かれた路面軌道だった。軌道は道路敷地の半分程を占めていた。急行の列車種別表示板を掲出した3両編成の旧型電車が、正面に春日山を仰ぎ見て、ゆっくりと走って行った。
◎奈良線　油阪〜近畿日本奈良（現・近鉄奈良）　1964（昭和39）年7月22日　撮影：辻阪昭浩

春鹿
ハルシカ
江口證券

奈良線の無料特急を意味する、飛び跳ねる鹿を図案化したヘッドマークを掲出した8000系。クリーム色の地に青い帯を巻いた塗装は登場時の姿だ。新生駒トンネルの開通以来、今日まで奈良線で活躍する。但し、塗色変更、冷房化改造等で、現在の姿は新製時と異なる印象だ。◎奈良線　撮影地不詳　1964（昭和39）年12月　撮影：辻阪昭浩

新生駒トンネルの開通で、大型車が入線できるようになった奈良線。8000系はトンネルが供用を始めた1964（昭和39）から投入された。以降、1980（昭和55）年までに208両が製造され、同路線の主力車両となった。横に並ぶ8600系は、新製時より冷房装置を搭載していた。◎奈良線　生駒　1975（昭和50）年　撮影：山田虎雄

昭和末期になると、長閑な里山が車窓を飾っていた生駒線の施設は、沿線の宅地開発へ呼応するかのように近代的な設えとなった。コンクリート製の架線柱や嵩高なホームが日常風景となる中、1編成のみが残ったモ409とク309が活躍していた。同車両は元奈良電気鉄道のデボハ1300形である。
◎生駒線　菜畑
1978（昭和53）年
撮影：林 嶢

生駒線の起点王寺のホームに並んだ820系。奈良線の無料特急で活躍した小振りな2扉車は、晩年を生駒、田原本線等で過ごした。支線での運用が多くなっても車体を飾る銀色の帯は残され、特別な電車であったことを窺わせる仕様の一つであった。
◎生駒線　王寺　1975（昭和50）年　撮影：山田虎雄

生駒山の山頂付近へは、2本のケーブルカーを乗り継いで登ることができる。生駒駅に隣接する鳥居前と宝山寺を結ぶ宝山寺1号線では、開業時に導入された木造車両を更新化したコ1形2両が、2000（平成12）年まで使用された。
◎生駒鋼索線・宝山寺線　宝山寺
1975(昭和50)年　撮影：山田虎雄

地方私鉄の終点駅を想わせる小ぢんまりとした佇まいだった地上駅時代の近鉄の奈良駅。路線バスを待たせて、8000系が路面軌道へソロソロと走り出した。架線電圧は600Vの時代で、電動車1両に2組持つ集電装置はいずれも上がっていた。
◎奈良線　近畿日本奈良（現・近鉄奈良）
1967（昭和42）年9月
撮影：朝日新聞社

奈良電気鉄道の京都駅は東海道新幹線の駅建設に伴い、1963（昭和38）年9月に高架化された。同社は翌月に近畿日本鉄道と合併し、京都駅は近鉄京都線の終点となった。左手に国鉄の構内を見下して、900系の準急がゆっくりとした足取りでやって来た。
◎京都線　京都
1970（昭和45）年9月15日
撮影：荻原二郎

奈良電気鉄道の終点であった時代の京都駅。2面のホームには木造の上屋が被さり、大和西大寺方は緩やかな曲線を描いていた。昭和20年代末期に登場したWN駆動方式採用の高性能電車デボハ1200形等による特急が発着していた。
◎奈良電気鉄道（現・近鉄京都線）　京都
1962(昭和37)年8月30日　撮影：荻原二郎

高架化前の奈良電気鉄道京都駅。構内に隣接して国鉄（現・JR西日本）の留置線があり、旧型客車の姿が見える。ホームに停車する電車は奈良電所属のデハボ1350形。特急の増発に対応して1957（昭和32）年に3両が製造された。大和西大寺より近畿日本奈良（現・近鉄奈良）へ乗り入れた。◎奈良電気鉄道（現・近鉄京都線）　京都　1962(昭和37)年7月22日　撮影：辻阪昭浩

新田辺のホームに停車したモ409は、三條と記載された行先表示板を掲出していた。奈良電気鉄道と京阪電気鉄道の間で始められた相互乗り入れは、奈良電気鉄道が近鉄京都線となってからも存続。近鉄の電車が京阪の三条駅まで乗り入れていた。
◎京都線　新田辺　1964(昭和39)年　撮影：荻原二郎

奈良電時代末期のデハボ1000形。本線の桃山御陵前〜大和西大寺間の開業による需要増を見込み、1928(昭和3)年に24両が製造された。17m級の半鋼製車である。奈良電が近鉄に吸収合併された後も、架線電圧が昇圧されるまで京都線における普通列車の主力として活躍した。
◎奈良電気鉄道(現・近鉄京都線)　大和西大寺
1962(昭和37)年7月22日
撮影：辻阪昭浩

10月の開業を控えて、東海道新幹線の京都駅が、構内の南側に姿を現した。同時に奈良電気鉄道の駅施設は、新幹線の高架下に高架ホームが新設された。奈良電気鉄道から近鉄へ譲渡されたのは新幹線の開業日1年前の1963(昭和38)年10月1日だった。
◎奈良電気鉄道(現・近鉄京都線)　京都
1964(昭和39)年7月　撮影:朝日新聞社

やって来た電車は天理への直通便だった。電動車ばかりの3両編成で先頭に立つのは大正末期に製造されたモ250形。二重屋根に床下を渡るトラス棒。そしてアンチクライマーと全ての設えが黎明期の電車を彷彿とさせる。
◎橿原線　九条　1961(昭和36)年1月15日　撮影：荻原二郎

架線電圧600V時代の橿原線で急行運用に就く400系。京都、橿原、奈良線で1969（昭和44）年に実施された昇圧化工事を睨み、昇圧改造に対応できる大阪電気軌道、奈良電気鉄道出身の旧型電車が集められ、改造の上で400系として統合された。
◎橿原線　九条
1961（昭和36）年4月30日
撮影：荻原二郎

各地で木造電車が姿を消していった昭和30年代。大阪電気軌道が創業期に投入したデボ1形は、モ200形となって橿原線等で使用されていた。傷みやすい木造車体は入念に手入れされ、最期まで美しい姿を保っていた車両が多かった。
◎橿原線　近畿日本郡山（現・近鉄郡山）　1961（昭和36）年4月30日　撮影：荻原二郎

標準軌複線の線路上では、大正生まれの古参電車が小さく映った。大阪電気軌道が上本町（現・大阪上本町）～大軌奈良（現・近鉄奈良）間の開業に際して用意したデボ1形。近鉄への統合で形式名をモ200形と改めた後も、昭和30年代まで現役車両として使用された。
◎橿原線　石見～田原本
1963年（昭和38）年3月26日
撮影：辻阪昭浩

白昼の橿原線を行く電動貨車。大阪電気軌道が事業用車両として用意したデトボ1600形は近鉄に継承され、更新化されながら昭和50年代まで使用された。電圧変換装置を搭載し、架線電圧が異なる各路線を跨いでの資材輸送等に重宝された。
◎橿原線　新ノ口〜大和八木　1963年（昭和38）年3月26日　撮影：辻阪昭浩

橿原線の急行運用に就く820系が大和八木駅で並んだ。先行して登場した800系と同じ準張殻構造の軽量車体を採用した車両だ。電動制御車と制御車を連結した2両固定編成で運用された。正面には貫通扉を備える。
◎橿原線　大和八木　1963年（昭和38）年3月26日
撮影：辻阪昭浩

昭和40年代には電鉄会社が創業期に導入した木造電車が、事業用車に身をやつして姿を留めていた。無蓋電動貨車のデト54が、広い構内の片隅で砕石を積み込んでいた。ベルトコンベアーの淡々とした作動音が、いつ終わるともなく響く暑い日。
◎橿原線　橿原神宮駅（現・橿原神宮前）
1965（昭和40）年7月30日　撮影：荻原二郎

天理線は橿原線の平端と天理を結ぶ4.5㎞の短路線だ。路線内を往復する列車の他、橿原線へ乗り入れる便もある。大和西大寺行きの電車が単線区間を足早に駆けて行った。昭和30年代には橿原線等と同様、小型の旧型電車が幅を利かせていた。
◎天理線　天理～前栽
1956（昭和31）年11月15日
撮影：荻原二郎

京都、橿原線等に比べて輸送量が少ない田原本線では、日中の列車等で単行運転が行われた。路線の両端駅である西田原本、新王寺と書かれた行先標を掲出した600系が、未だ寒々とした空の下でシャトル運用に就いていた。
◎田原本線　西田原本　1967（昭和42）年3月10日
撮影：荻原二郎

南大阪線系統

時代と共に鉄道周辺の眺めは移り変わる。昭和30年代の大阪阿部野橋駅界隈では、日本で西洋風建築が目立ち始めた大正から昭和初期に建てられたと思しき建物、駅施設が健在だった。大正生まれの正面5枚窓車両であるモ5621形が、いにしえの風景に良く馴染んでいた。◎南大阪線　大阪阿部野橋　1955（昭和30）年　撮影：山本雅生

前面周りが非貫通のままで、原形の面影を残していたク6671形。正面の窓には展望を楽しむ子ども達の姿が大らかだった時代の微笑ましい一コマである。車体の塗装は草色とダークグリーンの二色塗装となっていた。
◎南大阪線　河掘口　1957（昭和32）年　撮影：亀井一男

端部に曲線が付いた二重屋根と木製の車体が、黎明期の電車であることを窺わせるモニ5161形。吉野鉄道が現在の吉野線を全線電化する際に投入した荷物合造車デハニ100形を、関西急行鉄道への編入時に改番した車両である。写真のモニ5162は1955（昭和30）年に南大阪線から伊賀線に転属した。◎南大阪線　針中野　1955（昭和30）年　撮影：伊藤威信

大和川を渡る6800系。加速減速に秀でた性能は、停車駅が多い普通列車の運用で威力を発揮した。狭軌路線は近鉄の中で比較的地味な存在だったが、昭和30年代に入ると沿線需要の高まりに応えるべく、新機軸を盛り込んだ新鋭車両が投入されていった。◎南大阪線　矢田～河内天美　1957（昭和32）年11月　撮影：野口昭雄

大和川を渡った南大阪線の線路は、矢田に向かって緩やかな曲線を描く。昭和30年代には未だ鉄道の周辺に高い建物はなく、容易に見晴らしの効く線路際へ立つことができた。橋梁を渡る車輪の響きが聞こえてから程なくして、元大阪鉄道のモ6601形が、電動車同士の2両編成で現れた。◎南大阪線　河内天美～矢田　撮影：辻阪昭浩

車体の大きさに比べて側窓が小さい昭和初期製の電車は、近代型車両よりも重厚に見えるものが多い。モ6601形と対を成す制御車ク6671形もその一つだった。ごつい造りのイコライザー台車や、車端部に取り付けられたアンチクライマーが、甲冑を身に着けた野武士のような印象を、より際立たせていた。◎南大阪線　矢田～河内天美　撮影：辻阪昭浩

貨物列車、工事列車の牽引に活躍したデ61形電気機関車。昭和初期に製造された元大阪鉄道のデキA1001形である。4両全機が長らく南大阪線系統で使用されていたが、デ61と写真のデ62は昭和40年代の半ばに養老線へ転属した。
◎南大阪線　道明寺　1966（昭和41）年6月4日　撮影：荻原二郎

大阪鉄道が電化に際して導入したデイ1形。日本初の架線電圧1500Vに対応する電車だった。近鉄設立を巡る合併劇の渦中で関西急行鉄道、近鉄と所属先が変わる。1955（昭和30）年に車体を鋼製の物に載せ換え、一部は当時流行の湘南スタイルに。大阪阿部野橋～吉野間の快速「かもしか」等に充当された。◎南大阪線　撮影地不詳　1959（昭和34）年4月2日　撮影：辻阪昭浩

南大阪線系統の電車は大柄なモ6601形が重宝された。道明寺駅は1898（明治31）年３月に河陽鉄道の駅として開業した、南大阪線の中で最も古い歴史を持つ駅である。◎南大阪線　道明寺　1966（昭和41）年　撮影：荻原二郎

昭和初期に大阪鉄道が投入したデニ501形、フイ601形は日本初の20m級電車だった。1943（昭和18）年に大阪鉄道が関西急行鉄道と合併した際に形式をモ6601形、ク6671と改称した。登場時は２扉車であったが南大阪線の混雑に対応すべく、第二次世界大戦後に３扉化された。◎南大阪線　1965（昭和40）年３月３日　撮影：辻阪昭浩

大和川を渡るモ5651形は車庫がある河内天美までの区間列車。土手の向うに平野区瓜破地区の家並が望まれる。車両の側面には上部に装飾が施されたアーチ形状の窓が健在で、同車両が誕生した昭和初期へと想いを馳せさせた。
◎南大阪線　矢田〜河内天美
1959（昭和34）年4月2日
撮影：辻阪昭浩

大阪阿部野橋から南大阪線を経由して、御所線の御所に乗り入れる準急仕業に就く電車は、モ5651形を先頭にした3両編成。大阪鉄道が昭和期に入って導入した元デハ1000形である。更新化で貫通扉を除く正面の窓はHゴム支持になっていた。
◎南大阪線　撮影地不詳　1962（昭和37）年7月23日　撮影：辻阪昭浩

ク6520形を先頭にした全て両運転台車両で組成された3両編成。狭軌線用の車両でありながら、張り上げ屋根の車体が大きく見える6411系は1949（昭和24）年の製造。今日では武骨に映る姿ながら、第二次世界大戦後に新製された。当初の形式名はモ6801形、ク6701形だった。◎南大阪線　古市　1965（昭和40）年3月3日　撮影：辻阪昭浩

特急塗装をまとい、南大阪線の特急「かもしか」に使用されていたモ5820形。元は伊勢電気鉄道のモハニ231形である。狭軌時代の名古屋線等で使用された後に南大阪線へ転属。特急運用に就くべく再電動車化された。同時に客室の座席は全て転換クロスシートに替えられた。
◎南大阪線　古市
1959（昭和34）年4月2日
撮影：辻阪昭浩

木造電車のモ5151形。現在の近鉄吉野線を開業した吉野鉄道は、吉野口～橿原神宮前間を開業する際に輸送需要の増加を見込み、既存路線を含む全区間を電化した。電化に対応すべく用意した電車がテハ1形だった。後に吉野線は関西急行鉄道の路線となり、同車はモ5151形と改番した。◎南大阪線　古市　1959（昭和34）年8月1日　撮影：辻阪昭浩

長野線の富田林へ乗り入れる区間列車として古市を発車したモ6601形。大阪鉄道時代にデニ501形として35両が製造され、近鉄の所属となった後も同系の制御車フイ601形等と共に大所帯を誇った。昭和30年代に入って後継の高性能車が台頭するまで、南大阪線系統の主力車両だった。◎長野線　古市　1960（昭和35）年3月2日　撮影：辻阪昭浩

6624
富田林
古市

「ラビットカー」の愛称で親しまれた6800系。1957（昭和32）年から南大阪線等に投入された高性能通勤型電車だった。高加減速が持ち味で、その俊敏な動きが愛称に反映された。車体の側面には、ウサギを図案化したステンレス製のマークが貼られていた。
◎南大阪線　古市　1965（昭和40）年3月3日　撮影：辻阪昭浩

古市駅の1，2番ホームでは南大阪線の下り電車と、長野線の乗り換えが簡単にできた。列車種別の看板を掲出した6800系の準急と、長野線の区間運用に就くモ5621形がホームを隔てて並んでいた。同車は大阪鉄道が導入した初めての半鋼製車だった。
◎南大阪線　古市　1965（昭和40）年3月3日　撮影：辻阪昭浩

関西急行鉄道のモ5601形は近鉄の所属車両となった後の1955（昭和30）年に10両が車体を鋼体化されモ5801形となった。それらの内、モ5805と5806は正面窓を2枚とした湘南電車調の顔立ちとなった。車体は新しくなったが、窓枠等には従来の部品が流用された。◎南大阪線　古市　1955（昭和30）年　撮影：芝野史郎

現在の近鉄路線で、最初に開業した区間の一部に当たる道明寺線。昭和30年代には路線を開業した河陽鉄道を引き継いだ大阪鉄道が導入したデイ1形が、モ5612と形式名を変え、単行で2.2㎞区間を行き来する運用に就いていた。
◎道明寺線　柏原　1959（昭和34）年8月1日　撮影：辻阪昭浩

近鉄と国鉄（現・JR西日本）の間で貨車の授受が行われていた柏原駅。近鉄所属の電気機関車が構内へ乗り入れていた。デッキ付きの小型電機はデ31形。やや古風ないで立ちながら、1948（昭和23）年製で戦後生まれの機関車だ。33号機は南大阪線に配置され、後に養老線（現・養老鉄道）へ転属した。◎道明寺線　柏原　1959（昭和34）年8月1日　撮影：辻阪昭浩

柏原駅の道明寺線のりばは、駅舎に隣接するホームの蹴込み部分にある。ホームの反対側には国鉄（現・JR西日本）関西本線の列車が発着する。のりば番号は道明寺線が1で、関西本線が2から４番と割り振られる。1番のりばの柱に、近畿日本鉄道線方面と記載された案内板があった。◎道明寺線　柏原　1966（昭和41）年　撮影：荻原二郎

山間区間を行く6800系。登場時の車体は白帯を巻いたオレンジバーミリオン塗装で目を引いた。元来は普通列車への投入を想定した車両だったが、新製時より南大阪線の他、長野線、御所線の急行、準急運用に就いた。
◎長野線　汐ノ宮　1965(昭和40)年8月30日
撮影:辻阪昭浩

縦に並ぶ板目が良く分かる木造車体に二重屋根が被さるモ5151形。床下には垂直荷重を受けて、車体のたわみを抑えるトラス棒が見える。いずれも黎明期の電車ならではの古典的な仕様だ。近鉄の木造電車は、昭和30年代の半ばまで営業列車に使用され、調度品のような姿を見ることができた。
◎長野線　汐ノ宮　1959(昭和34)年8月1日
撮影:辻阪昭浩

長野線の開業に備えて用意した昭和初期生まれの電車だ。電動車は本来、車端部の両側に運転台を備えていたが、車体更新に伴い、片側の運転台を撤去したものがあった。◎長野線　汐ノ宮　1965（昭和40）年3月3日　撮影：辻阪昭浩

集電装置を上げた電動制御車3両が連なる編成は強力そうに映る。荷物室を備えた先頭車両はモニ6651形。大阪鉄道が大量に導入したデニ501形の同系車両として、昭和初期に製造されたデホニ551形を近鉄所属車となって改番した電車である。
◎長野線　河内長野　1959（昭和34）年4月2日　撮影：辻阪昭浩

南大阪線の尺土から分岐する御所線は延長距離5.2㎞の短路線だ。終点駅で乗客を降ろす2両編成の電車は、1925（大正14）年製のモ5621形。丸みを帯びた正面の5枚窓が、製造時の流行を窺わせる。電装機器は米国ウエスティングハウス・エレクトリック製だ。◎御所線　近畿日本御所（現・近鉄御所）　1962（昭和37）年7月23日　撮影：辻阪昭浩

御所線の終点駅に停車するモ5621形の2両編成。戦前戦後を通して南大阪線系統で活躍した古参電車は、晩年を御所線等の支線仕業を中心に過ごした。車体のたわみを受け止めるためのトラス棒が床下に覗く姿には隔世の感がある。
◎御所線　近畿日本御所（現・近鉄御所）　1965（昭和40）年　撮影：荻原二郎

木造電車として誕生したデイ1形は、新製時より菱形パンタグラフの集電装置や自動連結器を備え、大正期としては最新の装備を盛り込まれたモダンボーイだった。近鉄の車両となり、車体が鋼製化された後は、ジャンパ栓等を車端部に取り付け、厳めしい顔立ちになった。◎南大阪線　橿原神宮駅（現・橿原神宮前）　1965（昭和40）年　撮影：荻原二郎

橿原神宮駅の狭軌線ホームに停車する吉野行き急行。先頭に立つモ5651形は元大阪鉄道のデハ100形。新製時より南大阪線系統の路線で使用された。この写真が撮影された4か月後にモ5651、5663が養老線へ転属した。
◎吉野線　橿原神宮駅（現・橿原神宮前）　1966（昭和41）年6月4日　撮影：荻原二郎

近鉄の譲渡路線

側線にタンク車が留め置かれている大垣駅で桑名へ向けて折り返しの発車時刻を待つモニ5101形。元伊勢電気鉄道のデハニ101形で、関西急行電鉄との合併後も名古屋線で引き続き使用された。名古屋線の改軌時に標準軌化改造の対象外となり、養老線へ転出した。◎養老線（現・養老鉄道養老線）　西大垣　1964（昭和39）年5月1日　撮影：荻原二郎

モニ210形。1928（昭和3）年に田中車輌（現・近畿車両）が製造した、元四日市鉄道のデ50形である。三重鉄道、三重交通、三重電気鉄道と籍を移し、1965（昭和40）年に近鉄の車両となった。◎内部線（現・四日市あすなろう鉄道内部線）　近畿日本四日市（現・あすなろう四日市）　1965（昭和40）年7月30日　撮影：荻原二郎

近鉄の車両となってモニ211形からモニ210形と形式が変更された特殊狭軌用の荷物合造車モニ211。湯の山線を開業した四日市鉄道が1928（昭和3）年に導入した田中車輌（現・近畿車両）製の元デ50形である。列車は八王子線へ向かう伊勢八王子行きで、手前の標準軌線路は湯の山線。
◎内部線（現・四日市あすなろう鉄道内部線）　近畿日本四日市（現・あすなろう四日市）　1965（昭和40）年　撮影：荻原二郎

内部・八王子線時代のモ4400形。三重交通が1959（昭和34）年に導入した3車体連接車である。他の小型車両に比べて大量輸送が効き、三重線（内部線、八王子線）の主力として重宝された。後に付随車化されたが、三岐鉄道北勢線で現在も使用されている。◎三重電気鉄道内部線（現・四日市あすなろう鉄道内部線）　近畿日本四日市（現・あすなろう四日市）　1960（昭和35）年

駅構内に隣接して車庫があった時代の西桑名。桑名駅前の再開発事業に伴い、1977（昭和52）年に現所在地へ移転した。車両基地は北勢線の中間部付近にある北大社駅（現・北大社信号場）へ移転した。
◎北勢線（現・三岐鉄道北勢線）　西桑名　1973（昭和48）年8月3日　撮影：岩堀 春夫（RGG）

靴
134
202

近鉄の懐かしい駅舎風景

千日前通に沿って東西に長く伸びている、近鉄の上本町（現・大阪上本町）駅と近鉄百貨店上本町店。1914（大正3）年4月に開業した初代の駅は現在よりも北側にあり、1926（大正15）年9月に上本町ターミナルビルが完成した。1969（昭和44）年11月に駅ビル新館、1973（昭和48）年6月に新駅ビルが誕生している。
◎大阪線、難波線　上本町（現・近鉄上本町）　1981（昭和56）年　撮影：産経新聞社

現在はアーケード商店街になっている広小路商店街が、布施駅前から南に延びる風景である。布施駅は1914（大正3）年4月に大阪電気軌道（大軌）の深江駅として開業。1922（大正11）年3月に足代駅となり、1925（大正14）年9月に現在の駅名「布施」となった。現在は2層式の高架駅となっている。◎大阪線、奈良線　布施　1957（昭和32）年　撮影：産経新聞社

1960（昭和35）年の近鉄八尾駅の駅舎であり、この当時は「近畿日本八尾」の駅名を名乗っていた。その後、1970（昭和45）年3月に現在の駅名に変わり、1978（昭和53）年12月に高架駅となっている。このとき、駅舎の位置も河内山本駅方向に約300メートル移動している。◎大阪線　近畿日本八尾（現・近鉄八尾）　1960（昭和35）年

橿原線と大阪線が交差する大和八木。乗り換え用の通路、跨線橋が重なって見える駅の外観は、複雑な構内の様子を想像させた。地平部に橿原線。高架部分に大阪線のホームがある。近鉄の駅では他社路線が乗り入れない唯一の立体交差駅だ。
◎大阪線　大和八木　1967（昭和42）年

三重県西端部の街、名張に鉄道駅が開業したのは1930（昭和5）年。参宮急行電鉄の榛原～伊賀神戸間延伸開業に伴ってのことだった。開業当時の所在地名は名賀郡名張町。同町は第二次世界大戦後の1954（昭和29）年に周辺の3村と合併して名張市となった。現在も西口には木造の駅舎が残る。◎大阪線　名張　1970（昭和45）年　撮影：荻原二郎

近鉄路線網の主要路線である大阪線と名古屋線、山田線が集まる伊勢中川駅。構内の北側に大阪線と名古屋線を結ぶ短絡線があり、本線と共に三角地帯を形成する。近鉄の看板列車であった名阪ノンストップ特急は短絡線を利用して、同駅に停車することなく高速運転を確保していた。◎大阪線、名古屋線、山田線　伊勢中川　1965（昭和40）年7月30日　撮影：荻原二郎

参宮急行電鉄の駅として開業した宇治山田。駅舎は鉄骨鉄筋コンクリート3階建てで、南側端部に2階建ての塔屋が追加されている。1969（昭和44）年に鳥羽線が開業するまで、名古屋、関西方面からやって来る全優等列車の終点だった。
◎山田線、鳥羽線　宇治山田　1977（昭和52）年11月22日　撮影：荻原二郎

3本あるのりばの内、3番のりばは伊勢中川方が行き止まりになっており、当駅で折り返す名古屋、四日市始発の列車が入線する。駅ビル、構内の連絡地下道は1970（昭和45）年の竣工だ。◎名古屋線　津新町　1970年頃

大正期に伊勢鉄道が神戸支線を開業した際の終点。1963（昭和38）年に路線が平田町まで延伸した折、市役所の最寄りであった当駅を鈴鹿市と改称した。◎鈴鹿線　伊勢神戸（現・鈴鹿市）　1961（昭和36）年5月3日　撮影：荻原二郎

近代的造りの駅舎が完成し、大規模な施設となった近畿日本四日市駅（現・近鉄四日市駅）。1956（昭和31）年に近鉄名古屋線海山道〜川原町間が路線変更され、同時に近鉄と三重交通（現・四日市あすなろう鉄道）の諏訪駅を現在地に移転し、鉄道玄関口にふさわしい市と同じ駅名とした。◎名古屋線　近畿日本四日市（現・近鉄四日市）　1964（昭和39）年5月3日　撮影：荻原二郎

1979（昭和54）に旧駅建物の跡地を利用して駅ビルの増築が行われた。商業施設が増床された建物は市民の憩いの場として、街に欠かせない存在へと成長を遂げた。駅ビルは平成期に入ってからも、さらに増築されて華やかさを増していった。
◎名古屋線　近鉄四日市　1987（昭和62）年　撮影：荻原二郎

近鉄と国鉄（現・JR東海）の共有だった旧桑名駅舎。関西本線のホームが駅舎に隣接している。一方、近鉄のホームは構内の西側にある。近鉄養老線に貨物列車が設定されていた時代には、当駅において関西本線との間で貨車の授受が行われていた。
◎名古屋線　桑名　1965（昭和40）年

河内永和駅は、現在の大阪電気軌道（現・近鉄奈良線）の開通から22年たった、1936（昭和11）年8月に開業している。このときの駅名は「人ノ道」で、付近に「ひとのみち教団」の仮本殿があったためのネーミングだった。1938（昭和13）年2月に永和駅となり、「大軌永和」をへて、1941（昭和16）年3月に現在の駅名となった。◎奈良線　河内永和　1966（昭和41）年

東大阪市岩田町に置かれている、近鉄奈良線の若江岩田駅。駅の開業は1914（大正3）年4月で、当初の駅名は「若江」だった。東大阪市が成立する1967（昭和42）年以前、このあたりは河内市であり、それ以前は玉川町が存在した。この駅前から南北に商店街が延びており、駅前には近鉄バスの乗り場が存在していた。◎奈良線　若江岩田　1960（昭和35）年

現在のような巨大な駅に変わる前、近鉄奈良線の主要駅である学園前駅の1970（昭和45）年の姿である。帝塚山大学のキャンパスがある南口側には瓦屋根の古い地上駅舎が見え、北口側には新しい駅舎が誕生している。2つの駅舎を結ぶ構内踏切を大勢の人々渡っている、のどかな時代の風景である。◎奈良線　学園前　1970（昭和45）年　提供：近畿日本鉄道

1969（昭和44）年12月に地下駅に変わる近畿日本奈良（現・近鉄奈良）駅。その前の地上駅時代の姿である。近鉄奈良線の終着駅であり、観光地・奈良の玄関口にふさわしい大きな屋根をもつ駅舎だった。現在の駅は、櫛型ホーム4面4線をもつ近代的な地下駅となり、コンコースのリニューアルも実施されている。◎奈良線　近畿日本奈良（現・近鉄奈良）　1968（昭和43）年　提供：近畿日本鉄道

京都市南部の名刹、東寺の最寄り駅は奈良電気鉄道の東寺。早くから家屋が建ち並んでいた京都の市街地にある駅は、1939（昭和14）年に元あった場所より100m程移転して、同時に高架化された。線路が跨ぐ九条通りには市電が走っていた。
◎奈良電気鉄道（現・近鉄京都線） 東寺 1961（昭和36）年4月30日 撮影：荻原二郎

郡山市街地の西側にある近畿日本郡山（現・近鉄郡山）駅。商店街がある駅前通りは国鉄（現・JR西日本）関西本線の郡山駅へ続く。近鉄駅の近くには郡山城址があり、車窓には石垣や堀等が流れる。春には城内の桜並木が線路際を彩る。
◎橿原線 近畿日本郡山（現・近鉄郡山）1961（昭和36）年4月30日 撮影：荻原二郎

新駅舎の完成を祝う大きな装飾が設置された天理駅。駅前周辺は広々としたたたずまいである。1階部分に近鉄ののりばがあり、国鉄（現・JR西日本）桜井線のホームは2階にある。天理線と桜井線は、駅舎内で直角の位置関係にある。
◎天理線　天理　1965（昭和40）年

大正期に大阪電気軌道が畝傍線（現・橿原線）平端〜橿原神宮前（初代）を開業した際、途中駅として開設された田原本。至近にある田原本線の西田原本は大和鉄道が開業した駅であり、今日までそれぞれ独立した駅舎を構えている。
◎橿原線　田原本　1967（昭和42）年　撮影：荻原二郎

大阪阿部野橋駅が入った阿部野橋ターミナルビルには近鉄百貨店が出店し、屋上は遊園地になっていた。小振りな観覧車やメリーゴーランドは子ども達にとって夢の空間。動物園や美術館がある森の向うに完成間近の二代目通天閣が見える。
◎南大阪線　大阪阿部野橋　1957（昭和32）年　撮影：中西進一郎

ターミナルビルの直下から東に延びる南大阪線。駅に向かって幾条にも分かれる線路を、6面のホームが出迎える。ホームはビル側で繋がった櫛状の形。行き止まりとなった線路の先に改札のラッチが並ぶ様子は、大手私鉄のターミナルと呼ぶにふさわしい。
◎南大阪線　大阪阿部野橋　1955（昭和30）年　撮影：中西進一郎

近鉄と国鉄（現・JR西日本）のターミナル駅が並ぶ街中には、あびこ筋と谷町筋が出会う大きな交差点がある。庶民にとって手軽な交通手段だった市電は、交差点内でT字状に分岐し、鉄道線から乗り換えて市内のどこへ行くにも便利な路線網を展開していた。
◎南大阪線　大阪阿部野橋　1955（昭和30）年　撮影：中西進一郎

駅舎の出入り口上に近畿日本鉄道と記載された看板が掛かる河内長野。構内の西側に南海の同名駅がある。戦時下で南海鉄道と関西急行鉄道が合併した際に、当駅は近鉄の駅となった。1947（昭和22）年に高野線が南海へ譲渡され、再び2社の路線が並ぶ駅となった。◎長野線　河内長野　1964（昭和39）年　撮影：荻原二郎

南大阪線から河内長野へ向けて長野線が分岐する古市駅。木造時代の駅舎は小ぢんまりとした佇まいだった。しかし、構内には三角屋根の上屋が被さるホームが2面望まれ、そこを種類豊富な電車が行き交う様子は、当駅が地域鉄道の要所であることを窺わせていた。
◎南大阪線、長野線　古市　1964（昭和39）年
撮影：荻原二郎

橿原神宮の最寄り駅橿原神宮前。荘厳な造りの大屋根を備える中央口駅舎は、紀元二千六百年記念行事が執り行われた1940（昭和15）年の竣工。明治中期から昭和まで、多くのビル等を手掛けた建築家であった村野藤吾が設計した。
◎南大阪線、吉野線、橿原線　橿原神宮駅（現・橿原神宮前）　1964（昭和39）年5月3日　撮影：荻原二郎

牧野和人（まきの かずと）
1962（昭和37）年、三重県生まれ。写真家。京都工芸繊維大学卒。幼少期より鉄道の撮影に親しむ。2001（平成13）年より生業として写真撮影、執筆業に取り組み、撮影会講師等を務める。企業広告、カレンダー、時刻表、旅行誌、趣味誌等に作品を多数発表。臨場感溢れる絵づくりをもっとうに四季の移ろいを求めて全国各地へ出向いている。

【写真撮影】
伊藤威信、荻原二郎、亀井一男、佐野正武、芝野史郎、園田正雄、辻阪昭浩、
中西進一郎、野口昭雄、林 嶢、安田就視、山田虎雄、山本雅生
（RGG）荒川好夫、岩堀春夫、小野純一、高木英二、松本正敏、森嶋孝司、米村博行
朝日新聞社、産経新聞社

昭和～平成
近畿日本鉄道沿線アルバム【一般車両編】

発行日……………………2021年5月6日　第1刷　※定価はカバーに表示してあります。
解説………………………牧野和人
発行者……………………春日俊一
発行所……………………株式会社アルファベータブックス
〒102-0072　東京都千代田区飯田橋2-14-5 定谷ビル
TEL. 03-3239-1850　FAX.03-3239-1851
https://alphabetabooks.com/

編集協力………………株式会社フォト・パブリッシング
デザイン・DTP ………柏倉栄治
印刷・製本……………モリモト印刷株式会社

ISBN978-4-86598-870-3　C0026